JN021102

ころころ
coro-coro kedama-nikki
isami nakagawa

毛玉日記
中川いさみ
朝日新聞出版

コロコロ毛玉日記

①

こんにちは中川いさみです
58歳です

家族は妻と大学生の長男と高校生の長女です

それと去年猫が新しく加わりました
名前はケダマ

生まれたときからずっと家に犬がいたのですが猫を飼うのは初めてで

いろいろわからなくて大変だったんですが

今日の感染者
69人
コロナの世界がやってきてしまい
どうなることか不安な日々・・・

猫がいたことで精神的に随分助かりました

そんな日々のことを描いていきたいと思いますのでよろしくお願いいたします

②

猫はキーボードが好きだ

あっ
ゴロリ

わ〜〜!
ドドドドドド

どいてくれよ!
ギュ〜
本当に困る
ニャ〜〜
パタパタ

しかし時々
トンッ
わっ

あっなんだこの画面!

あ、ここを押すとこうなるのか!知らなかった!
新しい領域へと導いてくれるのであったが

しかし大体は迷惑なのであった
ドッドッドッドッドッ
ピコピコ
ピ

③

最近コーヒーに
はまっていて
よく飲むんだけど
ん〜
んまい

どーもケダマは
この匂いが嫌い
らしく…
くんくんくん

こ、これは
危険な匂いだ！
ガリガリガリ

こんなもの
飲んだら
大変だ！
何か
ないか…

あっ
丸めたティッシュが
ある！
これを…

うわあ！

なんで
ティッシュが
入ってるんだ!?
やれやれ
ふ〜
何回も入れられた

コーヒーは
1日4杯くらい飲む。
いつも豆のキリマンジャロ。

ガリ
ガリ
ガリ

④

「重粒子の旅」という
単行本で描いたのだが
6年前に
鼻にガンができて
重粒子線という
放射線で治療した

ガンは寛解したのだが
治療の後遺症は
今も続いている
いててて…

放射線の影響で
顔の骨がだいぶ
ダメージを受けている
ハナが痛い……
あっ歯が抜けた!

ガンになったとき
「こんなことが
自分に起きるとは…」
と思ったが

コロナで
静まり返った街を
見たときも
こんなことが
あるんだな〜
……
と思った

生きていることが
どれだけ奇跡的な
ことかと思う

そう考えると
目の前のコバエも
いとおしく……

やっぱり
ならない!
パン
こいつら
ど〜にか
ならんか!
何も
しない

⑤

ケダマは基本
呼んでもこないが
おいで！
お～
い～
で！

ケダマの体を
マッサージする
ギュッ
ギュッ
ギュッ

立ち上がって
両手を上げると
ん～
つかれた！

手を上げると
また鳴くので
ニャー
ニャー
ニャー

すごい勢いで
すり寄ってくる
ニャー
ニャー
ニャー

マッサージする
ギュッ
ギュッ
ギュッ

あんまり
うるさいので
ニャー
ニャー

ということで
自然と柔軟体操に
なるのであった。
イチ
ニッ
ギュッ
ギュッ
♪～

ラジオ体操は
真剣にやるとかなりしんどい。

⑥

仕事をしていると
ケダマが目の前で
じっと見つめてくる

見つめ返すと

ゴロっとなる
ゴロ
なでて なでて!
はい はい!

しょうがないので
ゴニョゴニョする
ゴニョ
ゴニョ
ゴロゴロゴロ

妻と口論
していると

間に
入ってきて
ケダマが

ゴロっとなる
ゴロ
はいはい
なでて
なでて!
そこ
ボーっと
しない!

しかたないので
ゴニョゴニョする
ゴニョ
ゴニョ
ゴロゴロゴロ

⑦

熱はないんだが
かぜ気味だったので
PCR検査を受けた
いい天気だな〜…

病院の裏の
テントのような所

試験管を渡され
その中にツバを入れる
のだが
半分くらいね

ん〜〜…
ツバが出ない
モゴ
モゴ

みんなすごい量出してるな〜…
前の人の試験管

ゆっくりで大丈夫ですよ〜
と言われるが
後ろに次の人が
待っている

必死でツバを出す
ため、レモンや梅干し
のことを考える
ほんとに出ない
モゴ
モゴ

それにしてもいい天気だな〜…
結果は
陰性だった
モゴ
モゴ

⑧

私たちがなぜ猫に
あこがれるかというと
自由
だからだ

仕事中や
バター

ズームで
打ち合わせ中

横になって休んで
いる時も
う〜〜ん…
自由だ

立ち上がって
ギュ〜っと抱きしめ
ても
ケダマ！

ケイコートーの
ひも

バババ
ババ
わ〜〜〜!!

なるほど「自由の
ひけつ」とは「目の前のこと
だけ考える」ことで
あるか
虫！

蛍光灯に
なぜ虫が集まるかと思ったら
「蛍」の字に
すでに虫が入っていた。

⑨

店の前で消毒液を出すとき

シュッとやるイメージでいたら
シュッ

ドロッとしたものが出てきたときのガッカリ感
ドロッ
あっ

アイスコーヒーを飲んでいて

飲み終わったとき

ストローを出すと…
あっ!

ストローが逆だった時のガッカリ感
逆だった…

そんなちょっとしたガッカリ感を楽しみに今日も生きていこう
今日はどんなガッカリがあるかな

①⓪

ケダマはよく壁にもたれてすわっている

だいぶ太ってきたな…

このままだと…
あなたトトロっていうのね!

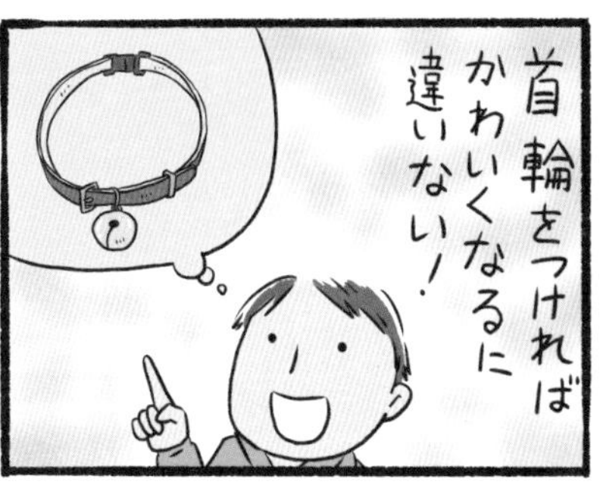
首輪をつければかわいくなるに違いない!

買ってきた
付けてみる

あっこれは…

耳がなくなったら…
ド〜ラエ〜モン〜

運動させることにした
動け動け!

あの方のポケットは
カンガルーのように
肌にあるポケットなのか？
と思ったが
あの方は
ロボットなのだった。

①①

「もんじゃ焼き」という
食べ物がよくわから
ない

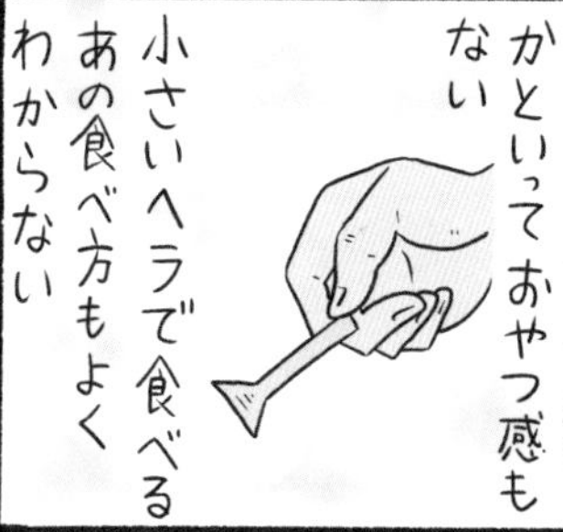
おなかは全然
いっぱいにならないし
かといっておやつ感も
ない
小さいヘラで食べる
あの食べ方もよく
わからない

娘と妻と3人で
お好み焼き屋に
行ったら娘が
もんじゃ焼き
食べたい!
と言うので注文した
おしながき

作り方
わかるの?
わからないけど
大丈夫

こーやって
…
キャベツを
サクサク
やるんじゃ
ないの!?

汁を
…
ダバ
あ〜〜!!

キャベツで汁を
囲むんじゃないの!?
サク
サク
もっと
早く
サクサク
やるんじゃ
ないの!?
大騒ぎである

あ、
うまい!
おいしい
おいしい!
やっぱりよく
わからない

① ②

コンビニで
レジ袋
どうしますか?
と
聞かれた

「どうしますか?」
と言われて思い出し
たのが

ちょっと前のこと、
歩いていたら
突然雨が降ってきて

どうしようかと
思っていたら

シャーーー

目の前を
レジ袋を被った
おばさんが自転車で
走り去って行った
シャー

すげーな
おばさん…
と
思ったもんだが

どうしますか?
いや
かぶりませんよ
と、頭の中で静かに
否定するのであった

①③

回文を考える
上から読んでも下から読んでも同じというやつだ
・・・・・・

しかも必ず「ネコ」が出てくる「ネコ回文」だ!
ネコ回文

さんざん考えて・・・
ネコ・・・
コネコ・・・
ネコネ・・・

できた!!
やっとひとつできる

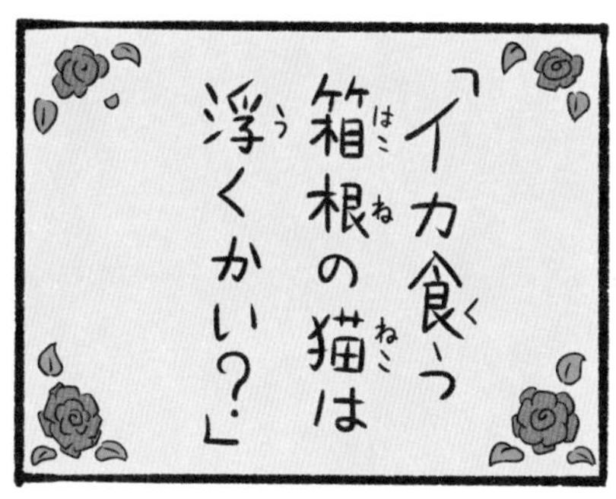
「イカ食う箱根の猫は浮くかい?」

箱根
ぷかー

ネコ回文・・・
カー・・・
結局ひとつしかできず・・・

もうひとつ回文
倉田歯が痛いが働く
いててて・・・
倉田

⑭

ネコは
モコモコした毛布の
ようなものがあると

ふみふみする
ふみふみ
ふみ
ふみ
ふみ
ギュギュ

これは赤ん坊の時
母親の乳を出すため
の名残らしいが
キュ
キュ

私は「内職」と
呼んでいる
ふみ
ふみ
ふみ
また
内職?
ごくろーさま

ホームセンターで買った
犬のぬいぐるみが
枕にちょうどいい
大きさなのだが
ちょっと
ねるか

これが大変モコモコ
している

ゴロゴロゴロゴロ
ギュギュッギュッ
ムフームフ〜ムフ〜

全く眠れ
ない
のどの音
ゴロゴロゴロ
ギュギュギュ
ムフ〜
ムフ〜
鼻息
おい!?

⑮

マスクをするのが当たり前の日々が続いている

外出時はもちろんだが、家にいる時も鼻やのどの保湿のためマスクをしている

あまりいつもマスクしているので

あれ!?

マスク
マスク
…
あっ!!

マスクをしたままマスクを探したことがある

マスクをしたままコーヒーを飲もうとしたこともある
うぶっ

多分あと数日後にはマスクの上にマスクをして外出する日が来るだろう
いってきま～す

16

ネコがいると
細かい物を置いて
おけない

目薬をさす時
目薬のふた

ふた
ふた…
あれ？

あ〜!!
カジカジ
カジカジ

バターロールパンを
買ってきたら
食うか

ケダマがすごい目
でにらむので
ストッ
なんだ？
パンは
やらない
よ！

カッ

パンの
袋とめる
あれ
ゴロゴロゴロ
それか!!

17

2021年
年が明けてもコロナは
収まらず、東京は
2度目の緊急事態
宣言
が出た
緊急事態宣言
しんぶん

風邪をひくのも恐ろ
しいのでとにかく
引きこもる毎日

しかしやっぱり
一日中部屋でじっと
しているのはつらい

運動もかねて
散歩することに
する

人はわりと多いが
外だし、みんな
マスクしているので
大丈夫

と思ったが…

へーくしょん!!

クシャミする瞬間に
マスクを下げるおやじ
とかいて油断ならない
恐ろしや
恐ろしや…

①⑧

ケダマは
ネコグッズでは
あまり遊ばないが
すぐあきる

いつまでも
好きな 物がある
立方体の木片

カン
カン
カン
カン

いつまでも
遊んでいる
カカカ
そんなに
好きか

最近これを
水飲み皿に
入れはじめた
ポチャッ
カカカ
入れたり出したりして遊ぶ

これはもしかして
同じ趣味の猫を
連れてきたら
あら
木片?
あたしも
好きよ

ゲームに
なるんじゃ
ないか?
カン
カン
カン
カン
カン
ゴール

今年はこの
ネコホッケーの
相手猫を探す
ことにした

アイスホッケーの球は
どんな大きさで
どんな重さなのか
1回触ってみたい。

19

ケダマには予知能力がある
えーとコーヒーのフィルターは確かあの紙の箱の中に・・・

あっ
紙の箱

ちょっとどいてくれよ!
フニュ~

え~とこのページをコピーして・・・

ああ!
プリンター

私が使おうとする物の上にいつもいる
どいてくれよ!

だいたいじゃまで必要のない能力だが
どかんよ

本のコピーの時は重しになる
Good job!
ガ~

②⓪

妻と駅前の
商店街に行く
Cafe

あーここの店
なくなってる!
好きだったのに!

書店
ここにあった
古本屋も
なくなった!
Bar

コロナの影響で
街はどんどん
変わっていく

みんな普通の顔
して歩いているけれど

それぞれ
大変な思いを
しているんだろう

いつも通りの
変わらない店も
ある
ここの
チェリーパイは
おいしいな

まだまだ大変な
世界でいつも通りの
夕日が沈んでいく

①

ケダマと見つめ合うと
バチ
バチ

ゴロリとなる
（だいたい右回り）
よし
ゴロリ

なでてよろしい
なんか負けたっぽい・・・
ゴロ
ゴロ
ゴロ

これをスペースのない所でやると・・・

②

バチ
バチ
バチ

よし
ゴロリ

バターー

これを「ネコ落としの呼吸」と呼んでいる
ハ〜〜
片付けとけよ

「マグノリア」という映画のラストは
「空からカエルが降ってくる」というものだが、
これは色々な映画のラストで使うと面白いと思う。
「七人の侍」とか。

②②

最近
いやされるための
ロボットが売れて
いるという
ピコピコ

(イメージ)

そんなものは
本物の犬やネコの
かわりにはならない
だろうと思っていたが
アオ〜ウ

この前買った
加湿機がよく
しゃべる
空気が乾燥しています

急いで加湿しますね!
ブォ〜

空気の汚れ発見しました!
イオン出てるよ!
いちいち言わなくていいよ・・・

さあそろそろ寝るか
ピ
部屋が暗くなると

今日もお疲れ様でした!
と言う

君もお疲れさま
これがなんだか
普通にしみる
今日この頃であった

② ③

ケダマは部屋で電話していると…
はい
あーどーも!

必ず足をかむ
いててて!!
ガブッ

あっ何でもないです!

これが嫉妬心によるものなのか
ガブ
ガブ
電話なんかしてないで私をかまいなさい!

それとも電車の中で電話している人がいると
あーどーも!
おせわになります~

イラッとするのと同じようなものなのか
アハハハ
そーですね!
イラ
イラ

ケダマがなぜかむのかわからないので
ビ
ビ

部屋で電話する時はぶ厚いルームシューズをはくことにしている
はい
あーどーも~
ガジガジ
ガジガジ

②④

新しく買った本を
読んでいて・・・

今日はこの辺にしよう
紙のしおりをはさんでいたのだけれど

180ページくらい読んだ所で・・・
あ

ヒモのしおりが付いているのを発見する
ということがよくあって

雨の中をさんざん歩いていて

家の近くまで来たとき

あっ
カバンの中にカサあった！

みたいなことを「180ページのしおりの法則」と呼ぶことにした
「180ページのしおりの法則」だな！
なげーよ

②⑤

コロナ禍で家にいる時間が多いので何かしたい
ガリガリ

うどんを作ったらいいんじゃないか？

理由
①うどん粉は安い（1kg 300円くらい）
②どこのスーパでも売ってる
うどん粉

③こねたり踏んだりしてストレス解消になる

と思って作ったがあまりおいしくない
う〜〜ん…

踏み方に問題があるんじゃないか？
ビニール袋に入れてふむ

あっ
ふみふみ
ふみふみー
←犬のぬいぐるみ

ネコ職人に踏んでもらおうとただ今計画中
これこれ
は？
うどん
フカフカしたファー

㉖

ハンバーガーショップで
ハンバーガーを食べた

バンズを開けて
みると

トマトのはしっこ
の部分があった

こーゆーのを
期待していたのに

こーなわけ
だから

安くしろとまでは
言わないが
あら

お日様が
出てくるみたいで
お目出たいですね♡

くらいのことは
言ってもらいたいと
思いつつ
食べる午後…

毎日のようにうどんを作っている
9時か・・・

ちょっと踏むか
キュ〜
うどん玉

仕事のあい間に踏んだりしている
へっへっへ
ギュギュギュギュギュ

しかし踏めば踏む程おいしくなるかというとそうでもない
踏み過ぎるとコシが出過ぎて硬くなってしまう

そして私はコシのないフニャフニャのうどんが好きだということに最近気がついた
う〜ん・・・

やっぱりケダマの柔らかいタッチの踏みに期待するしかない!
下にうどん

ケダマの踏んだうどんはきっとうまいだろうという気持ちを一ネコ回文にしてみた(2回目)

「いま、うどんこをこねるネコを!こんど、うまい!」
へい
らっしゃい!

うどんを一生懸命
作っていた時があるが
誰も食べないので
全部自分で食べて
太りだしたのでやめた。

②⑧

通りすがりのパン屋の
「ハムカツパン」がおいしそう
だったので買うことに
した

この店は機械で
精算する
セルフレジというやつ
だった
精算する機械
店員

180円になります
こちらでお願い
いたします

小銭が無かったので
千円札を入れる
ビー

しかし何回入れて
も戻ってきてしま
う
ベ〜
ありゃ?

ちょっと
よろしい
ですか?
あーここがちょっと
切れてるから
入らないんですね!

ということで
千円札は機械に
入らず、ハムカツパン
を買うことができな
いまま私は店を後に
するのだった

② ⑨

ケダマ先生は今日も
ふみふみ業で忙しい
ふみふみふみ

ふみふみ業の間は
無心なので
触っても無反応だ
ふみふみふみ
コチョ
コチョ

なので頭を
押しつけてみる
グイ～

ゴロゴロゴロ
おっ！

ゴロゴロとのどを
鳴らす振動が
脳を直撃し
ゴロゴロゴロ

心地良い眠りへ
と誘われてしまう
のだが・・・

ドーン
わ～～!!

だいたい悪夢で
目をさます
ずっしり
・・・

30

桜も散って
新緑の季節に
なってきた

一時期やや
落ち着いたかに見えた
コロナも
ゼェ
ゼェ

「変異株」なんてやつが
現れて勢力をぶり返
した
ぬ

ワクチン様の到来を
待つ日々だが

いつまで待っても
降りて来ない
ワクチン様
おい!

ちょっと気を
抜くと…

あっという間に
現れる
ぬ

でもどんな試合も
終わりはあります
油断せず
ゆるゆると
がんばりましょう

③ ①

動物園が好きなので
マンガのネタを考える時よく動物園で考えるんだが

近くの動物園がコロナで閉園
ガーン
コロナのためしばらく閉園いたします

飲み屋とカラオケはがまんするが動物園に行けないのはつらい・・・

しかし仕事中目の前にはいつもケダマがいる訳で
スピ～
ベロ出てるよ

ケダマにいろいろ工夫すればいろんな動物になるんじゃないか
ウサギ

ヘラジカ
ゾウ
カブトムシ

今一番飼いたいのはオウムなので
音楽聞いておどるやつ

さーゆー帽子を探している
おどって！

ラジカセは
青春そのものな感じがする。
ラジカセに関する思い出は
だいたい気恥ずかしい。

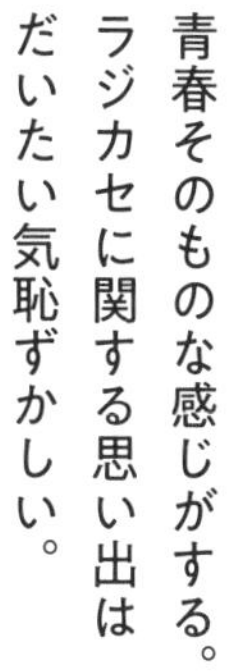

③ ②

ネコはなぜ
机の上にカップを
見つけると

落とそうと
するのか？
いろいろ
考えてみた
ちょいちょい

①ネコはシットー
深いので
は〜
おいし〜!

主人がうれしそうに
持っていたカップに
対して

ここは
あたいの
席だよ!!
バーン
シットしている説

ひみつの場所
②カップ集めるのが
趣味説
ほっこり
どこだよ

③カップに
トラウマがある説
シャ
イヤ〜〜!!

いずれにしても
やめてもらいたい
また
やられた!!

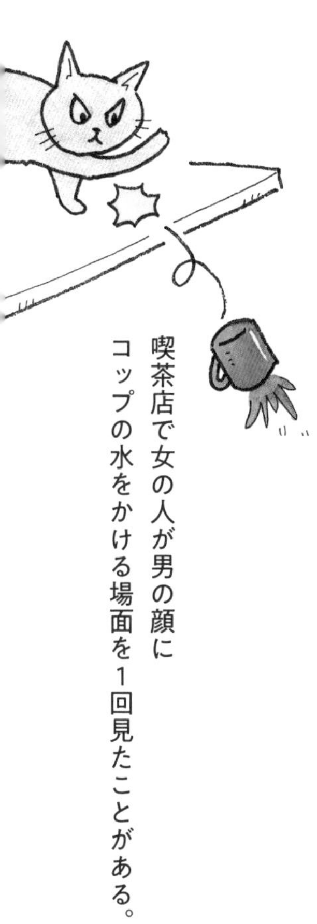

喫茶店で女の人が男の顔に
コップの水をかける場面を1回見たことがある。

③③

黒いものは何かに見まちがえやすい
特にうす暗い時間だと

すごいアゴヒゲの人がスマホ見てると思ったら

黒いマスクだった

突然の黒いカサも生き物っぽくて恐ろしい
わっ

この前夕方
歩いていたら

前からすごいリーゼントの男性が自転車で近付いてきた
わっ

…と思ったら

ギターを背負っていたのだった
あービックリした…

③ ④

ケダマはジャンプ力がすばらしい

助走なしでこのくらい軽くとぶ
ピョン
わっ

太っているとはいえさすがケモノだ
ミュア〜

食ったから父ちゃんは少しねるよ

カ…

スタスタスタスタ
ギュッ
ぐえっ

スタスタスタスタスタ
ギュッ
んぐぇあ!

あれだけのジャンプ力があるのになぜとびこさない!?
わざわざおなかの上を!
ピョン
あそべ

35

妻と おいしい
とんかつ屋に行く
エビフライ定食
おしながき

すいません
今、タルタルソースが
品切れなんですが
よろしいでしょうか?

タルタルソースが
無い!?
ガーーン
お

妻は軽くパニックに
なる
タルタルが
ない!
でも
エビフライ
食べたい!
タルタル・
オア・ダイ!
おしな

タルタルソースくらい
すぐ作れそうだけど
ここはおいしいとんかつ
屋なので
専門のタルタル職人
がいて
タルタル

こんなピクルスじゃあ
おいしいタルタルは
作れねー!
今日は帰らせて
もらいます!
パン
ピクルス

待ってくれ
源さん!!
源さんのタルタル無し
でエビフライは
どーするんだ!!

妻はエビフライを
ソースで食べた
これはこれで
うまい

③⑥

娘の友人の猫が遊びに来る
エキゾチックショートヘアの仔猫だ

とてもおもしろい顔をしている

部屋中ピョンピョンはね回る

ケダマはそれをじ～っと見ている

ときどき追いかけ回す

しかし気にせず遊ぶ

とにかく顔がおもしろい

あれは一体何者!?
猫もいろいろいておもしろい

他人が楽しそうに
遊んでいる物は
つい欲しくなるが、
だいたい手に入れた途端に
飽きる。

③⑦

たまに仕事で出かける時
今日は黒いシャツ着ていこうかな

外に出てしばらくしてから
ん？

シャツのすそがネコの毛だらけなのに気付く
うわぁ～！

夏になるとケダマの抜け毛がひどくなる

ブラッシングすると
ジョリ
ジョリ
ブラッシング好き♪

うわ～すごい！

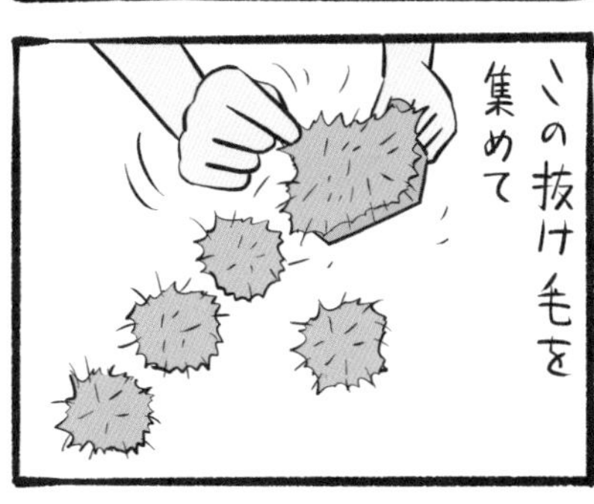
この抜け毛を集めて

ケダマ2号を作ろうと計画中

③⑧

横になっていると
は〜
ちょっと
休憩…

ケダマは普通に乗ってくる
よい
しょ

特に何かするわけでもない

これは一体何を考えているのか？

「そこに山があるから登る」みたいなことか？
ビュー

それとも寝ていることをちゃんと意識して
あっ寝ている！

寝ている間に何かあったら大変だ!!

私が見張ってます！安心して寝ていてください！
ムッムー
重いんですけど…

39

時々遊びに来ていた
娘の友人の
おもしろい顔した
ネコのクーちゃんが
ミャ〜〜
♀

どういうわけか
うちのネコになる
ことになった
ヨロピク
ね！
え〜〜!?

ネコが一匹増える
ことは別にいいのだ
が…
どーせずっと
家にいるし

問題は
ケダマだ

時々遊びに来てたやつ
がなぜかずっといる
カラ カラ
カラ
しかもあたしのおもちゃで
遊んでいる！

こいつ!!
ビャ〜〜
ガブッ

コラー!!
ピュッ
ガリ ガリ

ガブー
ギャ〜〜
コラー!!
はたして
仲良くなる日
が来るのかどうか…

④⓪

どーなるクーちゃん!? 続きは次回!!

④①

すぐクーちゃんに
かみつくケダマ
だったが・・・
ミギャ

だんだんじゃれ合う
だけでかまなく
なってきた

ダ
基本、アタックして
くるのはクーちゃんの
方で

ケダマは全然
関心がない風に
装っているが

その実

寄って来ないと

シッポをさかんに
振って
クーちゃんを
誘う

これが
「ツンデレ」という
やつか
ピョン
ピョン

人間もシッポがあれば
洗濯物をたたみながら
子供をあやしたりできて
便利だろうに。

④②

病院で血液検査をしたら前立腺ガンの疑いがあると言われる

生検(患部の一部を採取して調べる)のため一泊入院する
病院
ひょういん

パンツを脱いでミーユーイスに寝かされて
タオル

若い女医さんと若い看護師さん(女性)2人が
イメージです

肛門に器具をつっ込んで針を打って組織を採取する
針を打つたびすごい音がする
カーテン

バチーン
バチーン
バチーン
これが12回
チクっと痛いしなにより音が恐ろしい

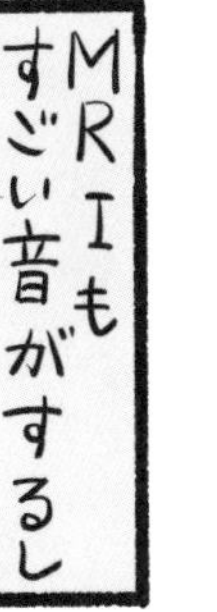

MRIもすごい音がするし
ガガガガガ
検査は音が恐ろしい

結果 ガンは見つかりませんでした
あ〜〜良かった〜〜…

③

ネコ1匹だと
こーだが…
あそべ

ネコ2匹だと
ケダマ
新入り
クーちゃん

2匹で遊ぶので
ピ〜

仕事がはかどる
と
思ったが…

④

現実は
こーだった
あそべ
あそべ

もー
寝る
横に
なると

こーなる
ずっしり

なかなか
現実は
きびしい
バーン
わぁ

④④

クーちゃんは何かに似ている

スターウォーズのヨーダだ！

クーちゃんはいつも私が寝ていると

枕元にやって来て
パシッ

ゴニョゴニョ言っているが…；
ゴニョ
ゴニョ
ゴニョ

何かいい事を言っているのかもしれない！
考えてはいけない
感じるのだ！

…と思ったが
ブフー
ブフー
ブフー
ヨーダというより
こっちか！
ブフー

ぶぇっくしょん!!
わぁ

よく くしゃみする

スターウォーズは
「帝国の逆襲」が
一番好き。
あの4本脚の
巨大ロボの
ダメな感じがいい。

④ ⑤

ケダマが最近ますます大きくなった気がする
ドーン

これは小さいクーちゃんがいるからそー見えるのかと思ったが

カッ
カッ
カッ
あっ!

クーちゃん用(仔猫用)の栄養価の高いエサをこっそり食べていた
カリ
カリ
カリ
ケダマのゴハンが減らないと思ったら!

あんたのゴハンはこっち!
いらねー

しかしレストランで

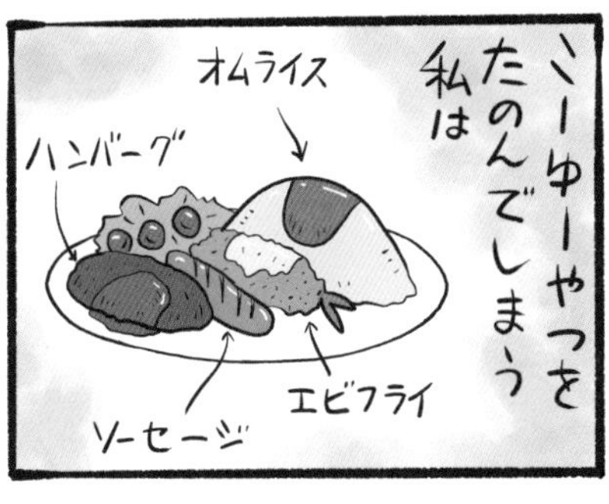
そーゆーやつをたのんでしまう私は
オムライス
ハンバーグ
ソーセージ
エビフライ

あまりケダマのことは言えないのであった
パクパク
うんまー!
お子様かー!

④⑥

ネコはおしっこの後
砂をかく
これは普通だと
思うが・・・
ザッ
ザッ
ザッ

ケダマは砂をかく
時間が長い
ザッ
ザッ
ザッ

ザッ
ザッ
ザッ

ザッ
ザッ
まだ
かいとんの
かい!!

砂じゃない所まで
かいている
カリ
カリ
カリ
カリ

ガリ
ガリ
ガリ
ガリ
どこまで
行っとんじゃ!?

どーせなら
背中かいて
くれんか
な?
「マゴの手」
は「ネコの手」と
いう方が近い
と思う
ガリ
ガリ

一方その頃クーちゃんは
コーヒーカップの中を
かいていた
ピチャ
ピチャ
ピチャ
やめてー!!

47

クーちゃんは机にいるとすぐに寄ってくるが
ピッ
おおクーちゃん!

ダッコしようとすると逃げる
シュッ

なかなかダッコさせてくれない
ピトッ
ちっ!

その点ケダマは
ミォーーウ
おうケダマ!

カンタンにダッコさせてくれる
よ~し

しかし重いので・・・
ん~~

こーなる
ジュル

「ネコは液体」というか「ジェル」
ポワー
ブヨ
ブヨ
なんかのゲームか!?

48

クーちゃんは
いつも眠そうな
顔をしているけど
コックリ
コックリ

ほれ

おお!
シュルルー

ドリブルが
うまい
シュルルルー

わが子の隠れた
才能を見つけた
気持ちだ
キラリ
んまあ!

ネコせんもん
サッカー教室
猫用のサッカー
教室があったら
通わせたい
ホホホホ

ケダマの方は
逃げるのが速いし
わっ!
スルッ

隠れるのがうまいから
忍者教室はどうだろ
うか?
ケダマ!
どこ!?

サッカーボールを描くのは難しい。
デザインが変わると
どんどんさらに難しくなる。

④⑨

2021年
もうすっかり秋なのに
コロナは終わらない

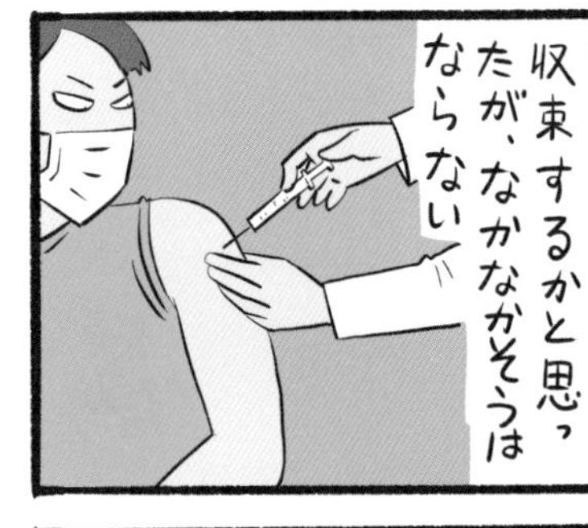
ワクチンを打てば
収束するかと思っ
たが、なかなかそうは
ならない

マスクの夏は
つらかったが、
夏はあっという間に
終わってしまった

10月は一年で一番好
きな月だ

気温もちょーど良いし
緑の香りの風も気持ち
いい

人のいない公園で
マスクを取って
思いきり深呼吸
してみる

コロナというトンネルは
思った以上にしつこくて
長いけれど・・・

トンネルから出たら
光り輝く景色が広がっ
ているに違いない

50

今日はケダマの
健康診断

病院に着くまで
ずっと鳴いている
ニャ
ニャ
ニャ

う〜ん・・・

肥満
だね
ありゃ!

うすうす
感付いてはいたが
正式に言われて
しまった

しかたない
あれを導入
するか・・・
う〜ん・・・

リスがよく使ってる
あれのネコ用!
シャーーー
回し車

でも絶対やるのは
クーちゃんだけだ
シャーーー
やらね

⑤①

内視鏡検査が苦手だ
胃カメラ

以前、検査の最中
入りますよ～
ウグ…
キュキュキュー

あんまり苦しいんで引っこ抜いたことがある
ガー
わ～
ジュ～～

すんごい怒られたそれ以来内視鏡はトラウマだった
すいません…

また今年もやるのだが今回はちょっと違う!
キラリ

この前前立腺の生体検査をしたからだ!
下から入れられるより上から入れられる方が
絶対に楽だ!

検査終了
びょういん

全然楽だった悪い所も無かった弁当2つ買って帰った

⑤②

ある日でかい荷物が届く
なんだこれ?

イスが2つ

安かったから
1つはあなたの部屋に置いてね
え〜!?

このイスがケダマにピッタリサイズ

女王様の風格が漂う
ホホホホホ

イスの下のすき間にピッタリのクーちゃん

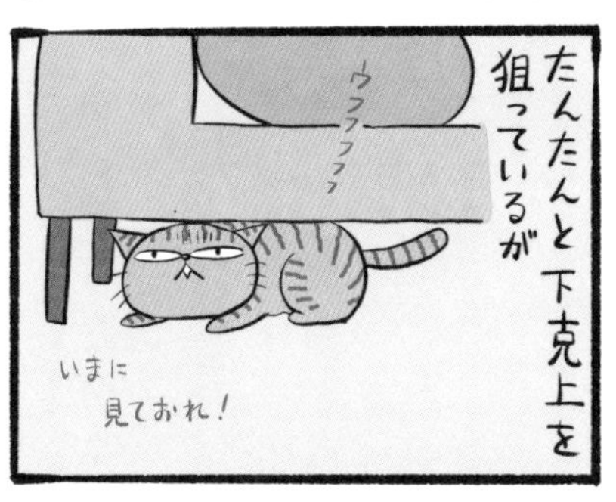
たんたんと下克上を狙っているが
ウフフフフフ
いまに見ておれ!

女王ケダマは下の者への配慮もぬかりないのであった
ヒュ
ヒュ
ヒュ
やー
あっ

⑤③

クーちゃんをシャンプーに連れていく

シャンプー中の写真をお店の人に撮ってもらう

お湯をかけられてクーちゃんは気持ち良さそうだ

ぬれたクーちゃん
わあ!

トンボみたいだな!

シャンプー後タオルに包まれたクーちゃん
これは!?

ヨーダ師匠降臨!!

ありがたやありがたや〜…
スリスリスリ
行くよ!

⑤ ④

すっかり秋な
今日この頃・・・
カフェラテ
ふたは取って飲む派

なんとか
クーちゃんを
抱きしめたい!

しかしやっぱり
逃げる
シュッ

あたしだったら
大丈夫!
妻
クーちゃん♡

あ〜〜!
シャー

ところが
一人暮らし中の
長男(23才)が
帰ってきて
おー
クーちゃん

抱っこすると
全然いやがらない
あれ!?
♀

やっぱり女子は
若い男が好きなの
か・・・
おれが
世話して
るのに・・・
ちょっと
さびしい・・・

⑤⑤

ケダマはいつも
2階の仕事部屋に
いるのだが

ドアのすき間から
すぐ逃げる
あっ
シュッ

まっしぐらに
向かうのは・・・

1階のキッチンの
前にいる・・・

いとしい
マルちゃん（金魚）
の所

はい
終了〜！
ケダマ
よだれ
出てるよ

月の家圓鏡の
「猫と金魚」という落語が好きだった。
金魚鉢を棚の上に置いてくれと
言われた番頭さん、
「金魚鉢は置きましたけど
金魚はどうしましょう?」

⑤ ⑥

久しぶりに渋谷に行った

なんかすごい未来な感じになっていた
ゴー

ロボットが店員のカフェに行った
うぉ〜!!
未来じゃ〜!!

コンニチハ〜!

ガク・・・

4台目

ゲームして楽しく遊ぶ

コロナで家にこもってる間にタイムスリップしてしまったような気分だ
ガクッ
もぁ〜
あ

57

クーちゃんは
いつも・・・

ピュー
わ〜〜!!

とんでもない所
から飛んでくる

思いがけない所から
足を出してくるし
わっ
シュタッ

もしかしたら
クーちゃんは
フクロウの仲間で
耳のような羽がある
ミミズクなんじゃ
ないか

顔が似ているし
いつも高い所から
獲物をねらってるし

時々夜中に
変な声で鳴いてる
し・・・
ホ〜
ホ〜

今日も何かねらわ
れている気配がする
・・・
ホ〜
ホ〜

フクロウが
博士と言われるゆえんは
頭が角帽ぽいからか？

⑤⑧

町を歩いていると後ろの女の子2人が
あれ何だっけ? 昔はやったスィーツ

半透明の四角いやつ!
食感が独特な…
あー何だっけ?

と話していたので
それはナタ・デ・ココだろ?
あ〜言いたい…

と思ったが、実際振り返って「 」言ったら
ナタ・デ・ココでしょ?
きっとビックリするだろう

しかし先日すいたデパートを妻と2人で歩いてたとき妻が
ちょっとトイレ行ってくる
トイレどこだろう?
と普通の声で言ったら

トイレはここよー!!

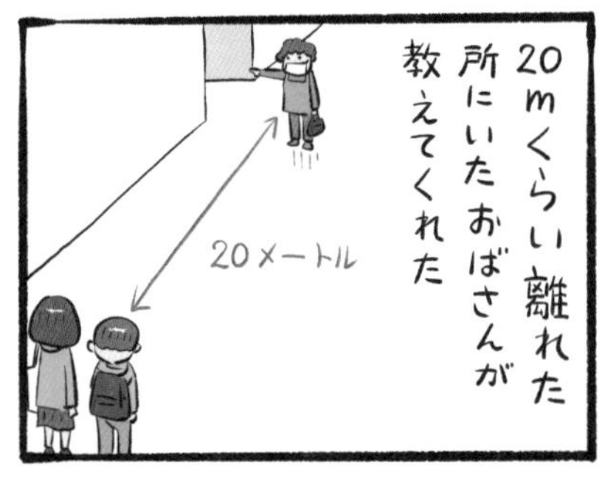
20mくらい離れた所にいたおばさんが教えてくれた
20メートル

あーゆー人になりたいものだなあ…
カンテン?
カンテンじゃなくて

⑤⑨

最近妻が次々と猫グッズを買うので
またなんか来た

仕事部屋は猫グッズだらけだ

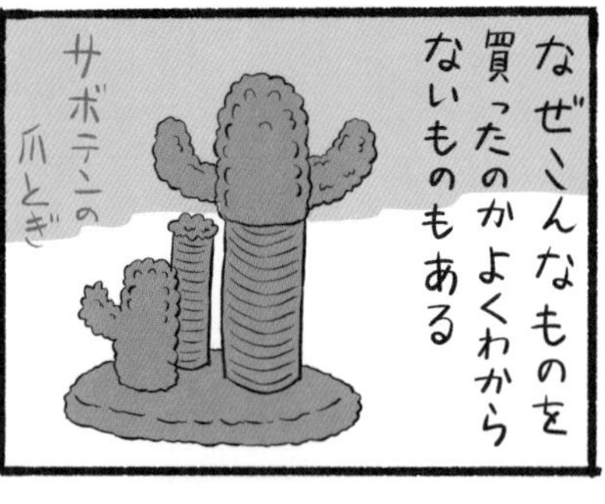
なぜこんなものを買ったのかよくわからないものもある
サボテンの爪とぎ

猫たちはちょっと遊んで

すぐ飽きてしまう

だいたいグッズが入っていたダンボールの方が人気だ
そっちかー!

そーいえば私も子供の頃、おもちゃよりもそれを包む発泡スチロールで遊んでいた事を思い出す

てゆーか、次々と買うな!
あっ
これいいわ!

⑥⓪

2022年が始まりました

コロナは陽性者数がかなり減ってひと安心かと思ったら…
今日の陽性者
24人

またもや新しい変異株が出てきて、なかなか終わりそうもない
オミクロン!?
これはおくるみ

「新年の抱負」など考えるが…

なんとか生きのびる!
最低限度の希望しか思いつかない

しかしこの前ひとつ思いついた
今年こそは…

自分の理想とする麻婆豆腐を作る!!
これは違う!!
だいたい失敗する

そんな感じで今年もよろしくお願いします!

⑥①

猫を飼ったら
やってみたい事が
あった

帽子をかぶせる
ことだ

ただでさえかわいい
のにもっとかわいく
なるに違いない！
マスク
みたいなのも

と思ってたら
娘がパンダの帽子を
買ってきたので
かぶせてみた

ケダマはそれなりに
かわいいが、ものすごい
いやがる

クーちゃんは
どうだろう
かぶせてみた

全く動かなく
なった！
目もつぶった
まま！

新春特別ふろく
クーちゃんパンダ写真

何年か前に
自分の漫画キャラ
「ネッコロ」の着ぐるみを作って
いろいろなイベントに出演させた。
中に本物のダンサーの人に
入ってもらって
ダンスさせたりして面白かった。

⑥②

ケダマもやったのだが
クーちゃんも避妊の
手術をした
動物病院

術後は傷口をなめない
ようにエリザベスカラー
を付けるのだが
エリザベスカラー

エリザベスカラーが
苦手な子のために
「エリザベスウェア」
というものがある

これをクーちゃんに
着せてみた所…

全く動けなく
なった!!

そして…
バッタリ
倒れてしまった
バッタリ

どうやらクーちゃんは
かぶるとか着るとか
「包む系」が全く苦手
らしい
これはダメですね〜
…

ということで今は
エリザベスカラーを
しているクーちゃんです
これはわりと平気

⑥③

あ〜寒い…
布団から出たくない…
などとうだうだしていると

ケダマがやってくる
ドスッ
ーフッ！

重い…しかし眠い…

などと考えていると
このかけ布団の下の少し出ている毛布部分を見つけて

ドスドス
ドスドス
フミフミ攻撃をしてくる

このフミフミは横から見ているとかわいいが
ギュ
ギュ
ギュギュ

真下から見ると怖い
目がヤバい
ムフ〜
ムフ〜
ドス
ドス

だがしかしそう簡単には起きないのであった
ドス
ドス
ドス
静かな冬の朝の戦いは続く…

⑥④

2022年になって
コロナも収まってきたので
旅行にでも行くかと
思ったら・・・
おー
いいね
京都！

あっと言う間に
第6波が来てしまった
オミクロン株
感染拡大
マジか〜・・・

そんな東京に
雪が降る

雪が積もると
見慣れた景色が
一変する

ちょっと旅行気分に
なるなあ・・・

そーいえばクーちゃん
は雪を見るのが
初めてだな・・・
クーちゃん！

シャーーー
タッ
タッ
タッ
わっ！

あぶない
あぶない
・・・
ピシッ
2階だった

⑤

避妊手術をしてから
クーちゃんがなぜか
甘ったれになった
なでてくれ〜

クリクリ
クリ
クリ

やめると
腕をつかむ
もー一回！
パシッ

クリクリ
クリ
クリ

⑥

やめると
もー一回！
パシッ

これを何回も
くり返す
クリ
クリ
クリ
クリ
クリ
クリ

くり返し
やらされていると
・・・
クリ
クリ
クリ
クリ
クリ
クリ

なんかの教えを
受けているような
気持ちになる
考えるな！
感じるのだ！
コリ
コリ
もー一回だ！

⑥⑥

ネットの記事に「冬は太陽の光を浴びないせいでうつになりやすい」と書いてあった

太陽の光に当たると脳内からセロトニンという物質が出て精神を安定させるそーだ
じゅわ~
セロトニン

そーいえばいつもこんなかっこして歩いているので日光に当たらない

信号待ちの時ひなたを見つける
ちょっと浴びてくか

帽子を取って日を浴びる

うい~~・・・

うなじの辺りも・・・
うい~

そろそろ出るか・・・
ふい~
あったまった!
風呂か!

⑥ ⑦

新しいネコグッズが入ると
ダンボールハウス

まず姉のケダマが試して

そのあとクーちゃんが入る

先にクーちゃんが試したりすると…
新しいベッド～!
バフ

ケダマ姉さんの怒りが爆発する!
ガ～～!!

牢名主のようだ
あねさん!

そのうちクーちゃんのクーデターが!
キラリ
くらえ
ブィ～

順番待ちの列
これはネコグッズじゃないの!
じ――
ブィ～
電動ハブラシ

⑥⑧

買わずにがまんしていたキャットタワーをついに買ってしまった

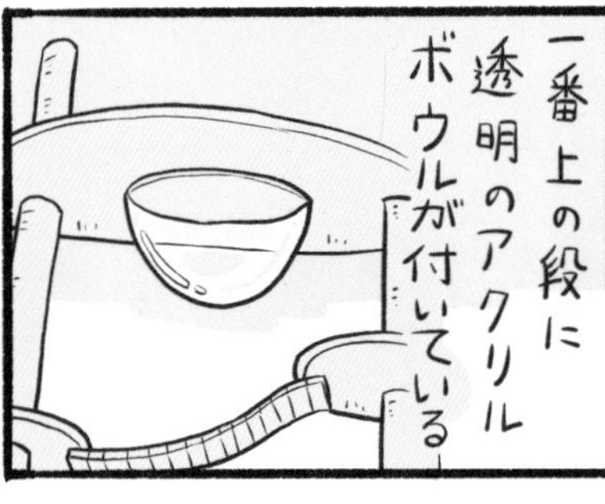
一番上の段に透明のアクリルボウルが付いている

これでネコの肉球をながめながらコーヒーとか飲める

しかし問題は…

これを設置するスペースが部屋に全くない!

しかたなく部屋の大掃除をする

大変な苦労をして
ついに設置完了!!

登る気なし
おい!

⑥⑨

キャットタワーを設置したのだが
全く登る気がない2人

お姉ちゃんあたしあのタワーに登ってみる!
やめときな! ケガするだけだよ
想像図

大丈夫!
ピョーン!

なんかいいながめだよお姉ちゃん!

どきな!
一番上は子供にゃまだ早いよ!
え〜〜!?

あっ!
アクリルボウルにケダマが入ってる!

よーし!
写メしてネットに

毛のカタマリにしか見えない
ケダマが本当の毛玉に・・・
う〜ん・・・

70

なぜか今、うちにはフレンチブルドッグがいる
ブンタ(♂)
ヘッヘッヘッヘッ
ヘッヘッヘッヘッ

一時保護で妻が預かっているだけなんだが・・・

ガウガウ
ガウ
ガウ
ガウ
わぁ!

なぜかドアの外をうろうろしている
ウロ
ウロ

フレンチとはいえブルドッグは力がすごい
なんか変な声が・・・
?
ネコちゃん達と一緒にするのは危険だ!

トイレに行くにも・・・
そ〜・・・

ガウガウ
ガウ
ガウ
ガウ
わぁ〜!

昔のテレビゲームみたいな状況に!
バウ
バウ
バウ
バウ
よし今だ!

犬は「ワンワン」ではなくて
だいたい
「ヘッヘッヘッ」と言っている。

⑦①

一時保護しているブンタを夜散歩に連れていく

今まで飼ったのはトイプードルやミニチュアダックスフントで散歩も楽だったが

フレンチブルドッグは力が強いので散歩も大変だ
わぁ
ガゥ
ガウ

あっ
ンコする！
う〜〜ん…

ンコ係！
はい
ンコ係って…

フレンチブルドッグのしりの穴は上の方についている

暗いのでよく見ていないとどこにンコしたかわからなくなる

夜の公園で犬のしりの穴を見つめる夫婦の図
終わり？
まだ出る…

⑦②

コロナで大変な
毎日が続いているが

海の向こうでは
戦争が始まって
しまった
マジか〜
プーチン!

季節は変わって
いきなり暖かくなった

同時に花粉が
すごい勢いで
舞い始めた
目がしんどい!

同列に並べては
いけないが…
なんだ?
ク〜

コロナ!
戦争!
花粉!

「平和な日常」という
ものがなんだか遠い
昔のように感じられて
くる
戦争反対!

ネコたちがいる
この部屋の中だけは
平和だ
ここでリラックスすんな

⑦③

フレンチブルのブンタはまだ家にいる
ガウ
ヘッヘッヘッ

ネコらとハチ合わせになったら大変なことになる!
シャーー!
ガルルル

そんなある日…
コーヒーでも飲むか

あっ!
ガウガウガウ

う〜…
ガウガウ
ガウ

わ〜!
バン

ヘッヘッヘッ

あれ!?
特に何も起きず

犬と猫のケンカは
何回か見た事があるが
だいたい猫が勝っていた。

⑦④

野生化した ワカケホンセイインコだそうです

⑦⑤

キャットタワーのてっぺんがすっかり定位置になったケダマ

本当に毛玉だな…

ギョロ
わっ

これはもしかしてケダマではなく…
ズルッ

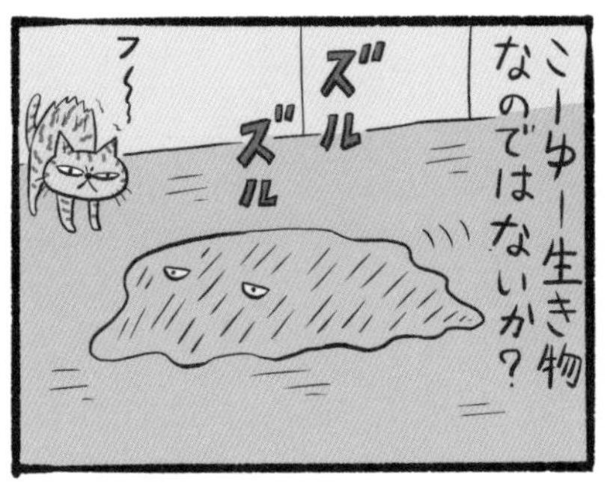
こーゆー生き物なのではないか？
ズル
ズル
フ〜

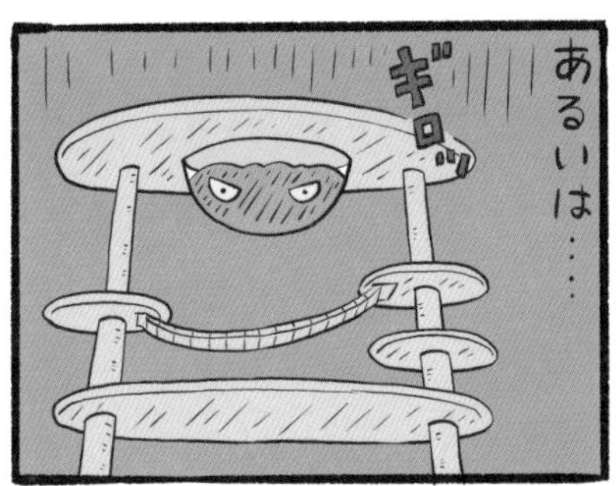
あるいは……
ギロッ

ガシャー
ガシャー
こーいったロボ的なものでは…

夜はちょっと恐ろしい…

⑥

ブンタを散歩させる
ガウ
ガウ
ガウ

ブンタくんはとても気まぐれなので…
ブンタは気まぐれ
てへペロッ♡

突然走り出す
わっ
ビュッ
ガッ

これをやられると肩がやられる
あたたたた…

⑦

突然石垣を登る
わ〜
ガウ ガウ ガウ

こーゆー水たまりを見つけると
ガウ

必ずこうなる
わ〜
ガウ ガウ ガウ ガウ

はたして新しい飼い主が見つかるかどうか…
ヘッ
ヘッ
ヘッ

⑦⑦

仕事中 机の上に
ネコらがいると
とてもじゃま

いちいち
どけるのも
疲れる
おもっ！

クーちゃんを
どける場合

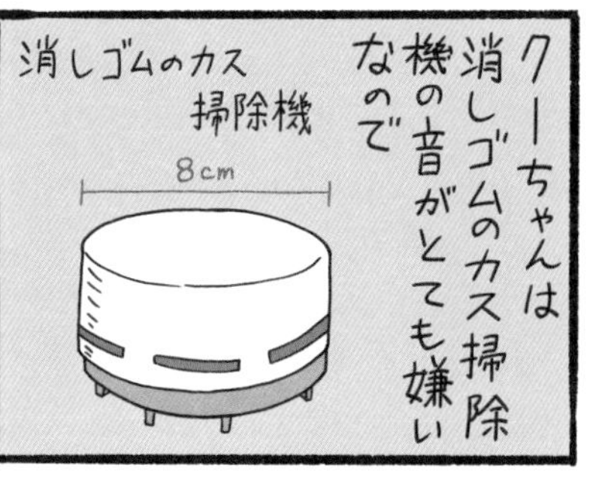
クーちゃんは
消しゴムのカス掃除
機の音がとても嫌い
なので
消しゴムのカス
掃除機
8cm

ブィ〜と動かすと
すぐ逃げる
ブィ〜〜ン
ピュッ

ケダマはなかなか
動かないので
ドッシリ

端に寄せるが・・・
ぎゅ〜
どけよ

波のように
寄せては返すの
だった
ザザー

毎日腹筋してるんだけど
お腹はブヨブヨのままだ。

⑦ ⑧

クーちゃんはフクロウに似ていると常々思う
とぶか?

近くにフクロウカフェがあるので確かめに行った
フクロウカフェ

フクロウ!?本物!?

動かないので人形かと思ったら動いた
グルッ
生きてる!

同じフクロウでも種類によって顔がだいぶ違う
メンフクロウ
キンメフクロウ

この子が一番クーちゃんに似ている
アフリカオオコノハズク
「オオ」とかいってるが一番小さい

メンフクロウの頭をなでてみたら
あっ
中身が小さい!
コリコリ
フクロウの中身

頭のコリコリ感はクーちゃんの勝ち!
コリコリコリ

⑦⑨

ネコは
ただいまー

喜び方が

とてもソフトだが
ゴロリ—
ク〜

犬は

感情表現がとても激しいし
ガゥーガゥーガゥガゥ

とても淋しがり屋だ
バーゥーバーゥーバーゥーバ〜ウ〜

そんな激しかったブンタも・・・
バーーン

無事新しい飼い主さんにもらわれてゆきました
ヘッヘッヘッ
いなくなると淋しい・・・

⑧⓪

うちのネコちゃんズは
はたして普通なのか？
ネコちゃんズ
だいぶ独特な
気がする

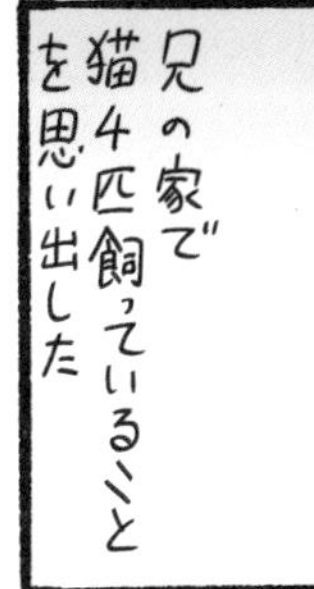
ちょっと他の猫と比べて
みたいと思っていた所
兄の家で
猫4匹飼っていること
を思い出した
兄

なんでも、庭で子猫
4匹産んで母猫は
どこかに行ってしまい
ミャ〜
ミャ〜
しかたなく4匹飼う
ことになったそうだ

千葉の兄の家まで
猫を見に行くことに
する

こんちは〜

うわ！
ミャ〜〜
いきなりすごい
なつかれ方

4匹ともすごい
スタイルが良い！

う〜ん
…
この美猫の秘密を
なんとしても知りたい！

⑧①

兄の家の庭で
バーベキューを
してると

ボトッ
突然家の裏から
にぶい音がするので
見てみると…

ボトッ
屋根から次々と
猫が落ちてくる!
室外機

屋根から木を伝って
庭に下りてくるらしい
ボトッ

家の中と庭には
自由に出入りできる
ようにしている
庭から外へは
出ないの?

庭の柵の上に
これ
これを
貼っておくと
出ない

なるほどー
「美猫のひけつは
家の中や庭を自由に
動き回り運動できる
ようにすること」だ!

ただし、この部屋には
絶対入れさせない!
こーして入る
ズズズ
兄の書庫

⑧②

ちょっとした事で一日
入院することになった

最近の病院は
とてもきれいだし
いごこちがいい

見はらしのいい
おしゃれなカフェも
ある

ほとんどの人が
パジャマ姿だし

点滴スタンド片手の
人や
カラ
カラ
カラ
カラ

明らかに具合が
悪そーな人がいて
オエッ
オエッ
オエッ

私はといえば
病院から借りたパジャマ
のサイズが間違ってて
こんな感じだが

とりあえず
コーヒーはおいしいの
であった。
カラ
カラ
オエッオエ〜

⑧③

仕事をしているとクーちゃんはいつも腕をカリカリしてくる
カリカリ
カリカリ

なでて欲しいのかと思い頭をなでると
チョイ
チョイ
チョイ

ぬるりと逃げてしまう
ぬるり

そしてまた戻ってきてカリカリ始める
カリカリ
カリカリ

これはもしかして何かを伝えようとしているのではないか?
こっちよ!

親戚の子供にあげようとして忘れていた一万円札のありかとか
ね!
あっ

よしわかった! 連れてってくれ!
シャキー

カリカリ
カリカリ
カリ
カリカリはもーいい!! ちゅーの!!

「カリカリすんな！」って
最近言わないな。
というか私は
言ったことがない。

⑧ ④

朝のテレビ番組で
今日の運勢とか
たまたま見て・・・
今日の運勢

悪かったりすると
すごい気になる
今日のザンネンさん
7月生まれの人
マジか!

だから私はもう
「ラッキー」しか数え
ないことにした

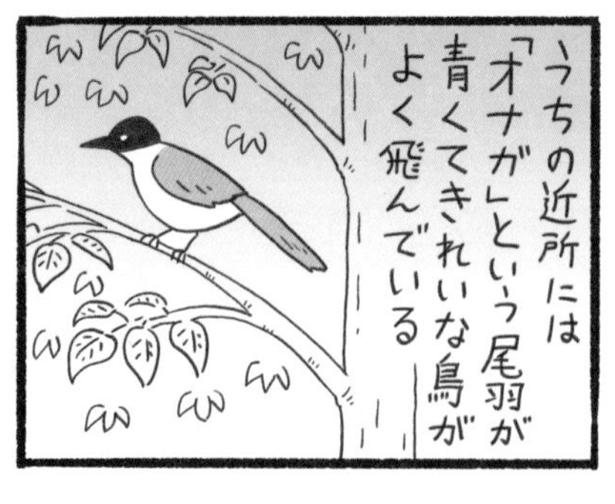
うちの近所には
「オナガ」という尾羽が
青くてきれいな鳥が
よく飛んでいる

この鳥を見た日は
ラッキーということに
する
おっ
オナガ!
ラッキー!

他にも
緑色のランドセルの
小学生を見たら
ラッキーだし

なんなら
ネコのトイレの砂を
踏んづけたらラッキー
ということにする
イテッ!

ラッキーは
自分で作れば
毎日だいたい
ラッキーだ
おっ
アリの
行列!
ラッキー!

キャットタワーのてっぺんはいつもケダマの居場所なんだが

ある日
あれ？クーちゃんどさ行った？

あっ
クーちゃんがてっぺんに！

これはもしかして太って動きがにぶくなったケダマにかわって
カ～
ベロ出てるよ

クーちゃんが新女王に!!
ホホホホホ～

クーちゃんによる新しい国家の誕生か！
バリバリ
ポテチ

ク～
クーちゃんは袋を開ける音にとても弱い
ポテチ
すぐ来る

あっというまに女王の座は奪還されてしまうのであった
カリカリカリカリ
ポテチ

できることなら
王様として
一生を終えたい。

⑧⑥

かなり本格的に
夏になってきた

暑い日に
恐ろしいのは・・・

ひゃあ!
ぬ〜

足にまとわりついて
くるケダマだ
コラ!!

まとわりついてくるのは
遊んでくれといっている
のだし
怒ってはいかんな

いや
ごめん
ごめん

しかしもしかして
これは・・・
ぞぞぞぞぞ
ひゃ〜〜!
イメージ

毛だらけの私は
お前よりずっと
暑いということを
思い知れ!
ふっふっふ
といって
いるのかも
しれない
う〜む
すまん

⑦

近くイベントがあるので毎日絵を描いている

最近デジタルでばかり描いているので筆で絵の具をぬるのは楽しい

音楽を流しコーヒーを飲みながら絵を描くのはとても楽しいのだが
問題は…

ジュバ!!
わぁ!

⑧

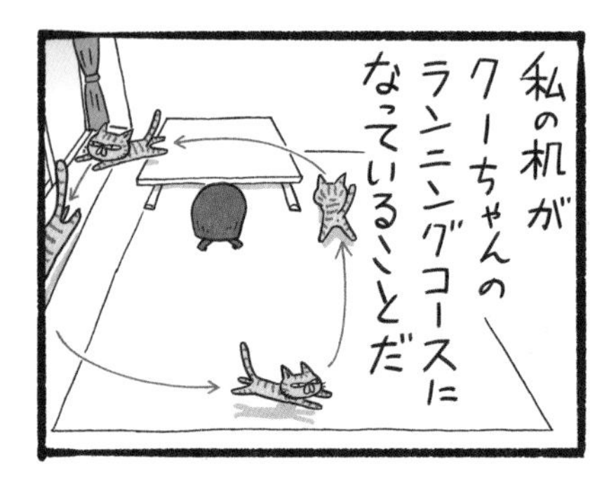
私の机がクーちゃんのランニングコースになっていることだ

絵を描きながらもクーちゃんの気配がしたら…
タッタッタッ
ム…

とっさに絵をあげる
ダ〜!!
サッ

こんなふうに描くのがスリリングでなかなかしんどいのである
ダ〜!!
シャッ
ん〜!!

飛んでる虫を
たたく時は
開いた本でやるといい、
手は汚れない。
本は汚れるけど。

⑧⑧

生まれて初めて「個展」というものをやった
しあわせ♡
しあわせうさぎ展

普通の個展は作品を並べてお客様と歓談したりするものだと思うが…

展示する作品が少なくてスペースがだいぶスカスカなため
白いパネル

開催期間中ずっと別室のラジオブースで絵を描き続けるというライブな個展となった
窓

これはしかしDJでもしているようでなかなか気持ち良い

仕事部屋で描くときは常にネコちゃんズとの戦いだが

おしゃれな広い空間で絵を描くのはとても楽しい
フッフ〜ン

油断できない緊張感もまたいいのだった
はっ
じ〜〜

⑧ ⑨

クーちゃんは顔がかわいいし
ミ〜…
声も小さくてかわいいが

よく見るとヤンキーのようなマユ毛がある

このマユ毛を意識して見ると…
カカッ
カカッ
コップに手入れちゃダメだクーちゃん!

ミ〜…
すごんでるようにも見える

もんくあんのかコラ!
ミ〜〜…

デデデデデ
いててて!!
おい!!

ミ〜…
もんくあんのか
ゴルア〜!!

グリグリには弱いヤンキーだ
グリグリグリ
…ミ〜
もっと右だコラ!

猫の「やんのかコラステップ」の
動画を見るのが好き。

⑨⓪

2022年今年の夏は
大丈夫かと思ったが
またコロナが拡大して
しまった
コロナ
感染
拡大!!
う〜ん

あの あたり前に
楽しかった夏が
なつかしい

先月やった「しあわせうさ
ぎ展」では「しあわせ」な
絵をたくさん描いた

夏だからということも
あったんだけど、多くは
海の絵になってしまった

私の一番しあわせな
イメージは子供の頃
海にポッカリ浮かんで
空を見ていたイメージだ

人がいっぱいいる海でも
ヽーしていると
たった一人で海に浮かん
でいるような気分に
なれた

またいつかきっと
あの頃のような不安の
ない夏がやってくるの
だろうか

あの頃と変わらない
雲をながめながら
考える

⑨①

今年の夏は暑かった
ぼんやりしているとおかしな聞きまちがいをする

まもなく3番ホームにシバイヌの電車がまいります
柴犬の電車!?

しばいぬ
ワン
かわいい!
うれしい!
やるなJR!

「ちば行きの電車」だった
ファーン
千葉
ちぇっ…

トイレの前を通るとアナウンスの声が・・・
ここのトイレは

たきのおトイレです
滝のおトイレ!?

ザ
滝に向かってするのか〜!
涼しそ〜!
やるなJR!

「多機能トイレ」だった
これか〜…

⑨②

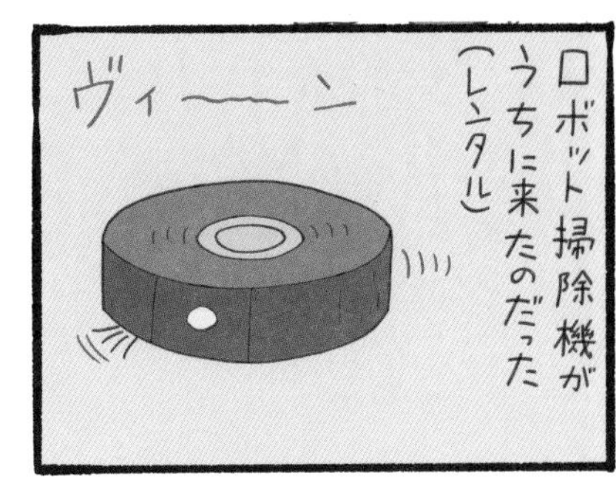
ロボット掃除機がうちに来たのだった（レンタル）
ヴィーーン

ネコちゃんズの反応が楽しみだ！
ふふふ
ヴィ〜

ビビリのクーちゃんはひたすら逃げ回る
ヴィ〜ン

ケダマはビビリつつも追いかけ回す
ヴィ〜

乗らねーかな…
ふっふっふ
ヴィ〜
よく見る動画

などと考えていたがそんなのんびりした状況ではなかった
ヴィ〜
しまった！
片付けないと！

ヴィーヴィーヴィーヴィー
おらどけおら！
あーあー！

いまひとつ機嫌が悪いロボット様
じ〜
はたしてネコちゃんズと友達になれる日は来るのか!?

お掃除ロボに乗って
漫画のネームを考えたら
うまくできそうな気がする。

⑨③

小バエがやたら多い
たたいてもたたいてもとんでくる

しつこくとび回る一匹をたたいても
おおやった!
5匹目!

また出てくる
プ〜ン
わっ!
これはつまり・・・

こーゆーふーに出てくるのではないかと思われる
やられました!
行列
よし次行け!
MONO

クーちゃんものんびりしてるとはいえ猫だ
動くものには反応する

あっとまった!
よし行けクーちゃん!

さすがヤンキー!
カッ
ガンをとばす

でも特に何もしない
さすがニセヤンキークーちゃん

94

クーちゃん
目やにがひどいので
病院につれていく

目薬とぬり薬を
もらう
どうぶつ病院
ムグォ〜〜ゥ

しかしクーちゃんは
体をつかまれると
とてもいやがるので
キャ〜〜

目薬をさすのが
すごい大変

ほら
ちゅーる
ちゅーる
おいで
おいで

あーー!
ベロベロ
ベロベロ
いつのまにか
ケダマが…

毎日こんな感じ
なので
ベロベロ
ベロベロ
ベロ

クーちゃんの
目やにはひどくなるし
ケダマはどんどん
太っていく

95

だいぶ久しぶりに飛行機に乗った
だいぶ久しぶりなんでいろいろ緊張した
空港に早く着き過ぎた

搭乗の手続きはだいぶ簡単になっていた
スマホに届いたQRコードをかざすだけ
ピ
本当にこれだけでいいのか?

窓側の席だというので楽しみにしていたが
非常口のまん前だった

この席は離陸してから目の前にキャビンアテンダントさんが座るのでとても緊張する

降りる時話しかけられた
スーツの下からそこの部分に小鳥の…
小鳥の!?

しまった!鳥のフンがついていたのか!?
しくじった!!と思ったが

小鳥の絵がちょこっと見えてかわいいですね!
自分のイラストのTシャツを着ていた
小鳥の絵

イラストをほめられてうれしかったが
いろいろだいぶ緊張したフライトだった

歯医者とは一体!? 次回につづく!

⑨⑦

前回のあらすじ
直島で「歯医者」を探す
私達家族

歯医者とは本当は
「はいしゃ」といって
アーティストの
大竹伸朗氏がかつて
歯科医院兼住宅だった
建物をまるごと
作品化したもの

2階に上がると…

ギャッ!!
前を歩いていた
娘が叫んだ

2階の床をぶち抜いて
巨大な自由の女神像
が立っていた

他にも直島には
ビックリするような
アートや
階段の上に
巨大な石の球

だら〜っとした
ネコとかいて
とても楽しい島だった

高松でうどんを
食べて、東京へ帰る
おれ
うどん1.5玉
息子
うどん4玉

⑧

クーちゃんは
顔が平べったい

横から見ると
こんな感じ
イメージ

なのでごはんは
盛り上がってないと
食べられない
X
NO!
O
OK!

水もうまく飲めない
ようで、手でかき出
すので

⑨

だいたいいつも
べちゃべちゃだ
ふいとけ

机の上に乗る時
いつもいきおいを
つけるが
パシッ

いきおい余って
パソコンの画面に
ぶつかったら
パシーー

多分こんな
そのまんまの顔の跡が
つくと思う
ケダマの
場合

「ガラスの扉に気づかず
体当たりして
ガラスが人の形に割れた」
という親戚がいる。

⑨⑨

夜ベッドで本を読んで
いると・・・
ROGER

誰もいないのに
扉がス〜っと
開いた!
ス〜
ROGER

夜中苦しくて
目をさますと・・・
う〜〜ん・・・

おなかの上に何かの
黒い影が!

それは妖怪ケダマの
しわざです

仕事中ずっと何かが
腕をカリカリして
いる!
カリカリカリ
カリカリ
カリ

妖怪ウデカリカリの
しわざです
別名
クーちゃん
カリカリ
カリカリ

目ヤニを取るための
ガーゼを見せると
逃げていきます
顔ふくよ
ピュッ

①⓪⓪

2020年10月
コロコロ毛玉日記
始まる
ウフフ…
バーン
be
コロコロ毛玉日記 ①

この年の1月くらい
から新型コロナウィルス
の感染症の流行により
世界が一変する
う〜ん…
コロナ
感染拡大!

一年くらいで収まるだ
ろうと思っていたら
延々と収まらず…
オリンピック
やるんかい…

3年近くたってもマスク生活は終わらない
慣れた
キュ
キュ

うちにケダマが来
たのはちょうどコロ
ナが始まった頃
ケダマ仔猫時代

ケダマがいてくれた
おかげで引きこもり
生活は精神的にだいぶ
助けられた

その後クーちゃんも
加わってますます
にぎやかな毎日になる

今回で連載100回目!
これからもネコちゃん
ズの活躍にご期待
ください!
シャー
ターン

101

クーちゃんの親戚という仔猫が来た
しんせき?

クーちゃんと同じ種類で黒いシマ模様の猫だ
テツオ(♂)生後3ヶ月

同じ種類だがテツオの方が目がパッチリしている

今日から、うちの家族になったのでよろしくね
え〜!!

いきなり猫が3匹になった

とりあえずケージの中で様子を見るが・・・
ミ〜

ケダマ姉さんの目が鋭い
ギラリ
ちょっ
まてまてまて!

ふ〜〜
ガッ
どーなることやら
クーちゃんはボーっとしている
ZZZ

①⓪②

新しくうちに来た
テツオ オス
生後3ケ月

とにかく
元気がいい
ピョーン
ピョーン
ピョーン

仔猫は久しぶり
なのでバタバタする
バタ
バタ

ごはんやトイレも
仔猫用
ビ

しばらく
ケダマ姉さんは
パンチしていたが…
ビシッ
ピー

すぐに手は出さ
なくなった
……
仲良しという
感じでもない

問題はクーちゃんが
テツの残した仔猫用
のごはんを食べてしまう
ことだ
バク
バク
あっ

クーちゃんた
どんどん
チーママ感が
出てきた
昔は
あーだった
わ～…
カンロクが…

ネズミが走り回っているお店で
オムライスを食べたことがある。
個人的には
「ネズミカフェ」と呼んでいる。

①⓪③

ネコが3匹になったら
2匹の時とはだいぶ状況が変わってきた

その辺にネコがゴロゴロいる

特に小さいのは踏みそうで怖い
うっ

テツオはクーちゃんと顔は似ているが性格はだいぶ違う

クーちゃんは抱かれるのがすごい嫌いだが…
キャ〜〜!
シュシュシュ〜
うなぎか!

テツオは全然平気
ゴロゴロゴロ

いつまでもヒザの上でゴロゴロしている
ゴロゴロゴロ

怖いのはケダマ姉さんの鋭い視線だ
はっ
ギロリ

104

だんだん寒くなってきた
朝布団から出るのがつらい・・・

布団の中でうだうだしていると

ケダマが布団の上に乗ってくる
ずっしり
ケダマだ
重さでわかる

その次にクーちゃんがやってくる
カリカリ
カリ
カリカリするのはクーちゃんだ

そしてテツが来て

布団の上をはね回るので

さすがに眠っていられず
ガバッ
と起きると・・・

何もなかったようにそれぞれが定位置に収まっているのであった
あれ!?
机の上
カリカリ
なにか?
カリカリの上
クッションの中

子供の頃
布団の中で指を
キャラクターにして
毎晩続きものの
ドラマを作っていた。

①⓪⑤

新しいネコが来ると
ミ〜ウ

もうみんなあきて遊ばなくなったオモチャで大喜びで遊び出すので
カリカリ
カリカリ

他の2人も
あれはもしかして…
すごくおもしろいのでは…
と集まってくる

特にこのカシャカシャ
カシャカシャ
テツも喜ぶが…
キラキラしている

クーちゃんの食いつき方がすごい!
バッ

普段じっとしてお地蔵様のようなクーちゃんだが…

カシャカシャの時はボクサーのような俊敏な動き!
シャ
シャ
シャ
シャ

多分野生で生き残るのはクーちゃんだ
シャー
カ〜

106

テツオが鼻水を
出していたので
医者に連れていく

医者の帰り
デパートの前に
人だかりがあった

警備員の人が(何だかの)犯人の人をとり
押さえていたの
だった
逃げるな!

こりゃちょっと
通れないな～
戻ろう…
と思って
引き返したところ

逃げ出した
犯人の人がこっちに
走ってきた!
ダッ

ちょっと怖いので
スピードを
上げたところ…
シャー

なぜか私は
仔猫を背中にしょって
犯人の人と並んで
猛スピードで走る
はめに!
シャー
タ

犯人の人はすぐに
取り押さえられた
ので助かった

107

テツのかぜがなかなか治らないで困っていたところ…
ズズ～

ケダマやクーちゃんの具合も悪くなってきた
目のまわりが…
オエ～

3匹に薬を飲ませるのが本当に大変！
イヤ～

クーちゃんは特に大変
大あばれ
ヤメテ～～！
ベ～ッ
くすり

ケージの奥に逃げ込んでしまった

妻と2人がかりでつかまえて押さえることにした
こっちでつかまえるからそこから出してくれ
よし！
引っかかれないように
タオル

って一休さんかー!!
と妻に突っ込まれる

①⓪⑧

年末調子の悪かった
ネコちゃんズもすっかり
元気になった

元気過ぎて
困る
バタ
ジャー
バタ
バタ

子供の頃やっていた
鬼ごっこでは必ず
「安全地帯」というものが
あって
そこにいる間
オニは手が出せない
はい
安全地帯！

しかし安全地帯は
10秒たつと安全では
なくなる
い〜ち
に〜い
さ〜ん
し〜い
…

ネコらを見ていると
どうも私の机の上が
その「安全地帯」になって
いるようで
バタ
バタ

はい
安全地帯！
バッ

で
やはり
…
い〜ち
に〜い
さ〜ん

10秒ルールが
存在している
ようである
ダー
じゅ〜

①⓪⑨

マッサージ師
テツオの朝は
早い・・・
シャキッ

ゴフ〜
ゴフ〜
グル
グル
ピ〜
ゴフ〜

ゴフ〜
ゴフ〜
ゴフ〜
ふみふみふみ
あれ？ もう
ご出勤ですか

テツオはマッサージが
大好きだ
おう！
今日も
いっちょー
もんでやらー！

すわっている時も
おなかをマッサージ
してくれる
ふみふみ
ふみふみ

鼻息が荒いのが
難点だがなかなか
気持ちがいい
ゴフ〜
ゴフ〜
ゴフ〜
ゴフ〜

今日はちょっと
背中をもんで
もらおうかな
ゴロッ

バッキャロー
10年はえーってんだ！
ブフ〜
ブフ〜
ゴスゴス
ゴス
注文は
聞いてくれない

子供の頃
すし職人になりたくて
すしの絵ばかり描いていた。
そして今もなりたい。

110

2023年になった
中華の店によく行くのだが
それが入ってると
どうしても中心になって
しまう食材がある

ウズラの卵だ！

安い中華しか行かない
ので、ウズラは1個しか
入ってない場合が多い

どのタイミングで食べるか
とても悩ましいのだが
だいたい後半戦のメインと
なることが多い
しかしここで
問題なのが・・・

ウズラの卵はハシで
持ちづらいということだ

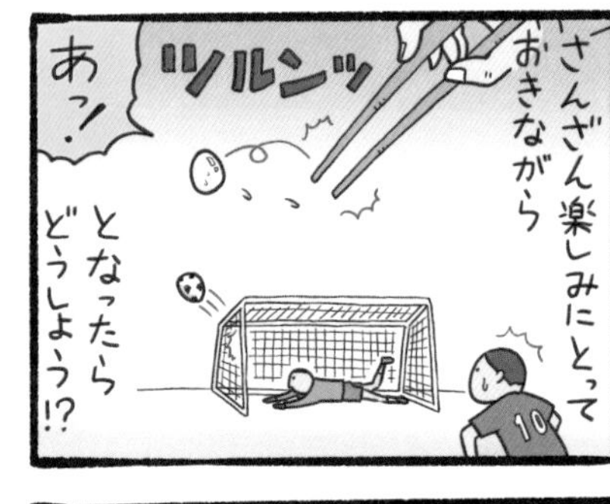
さんざん楽しみにとって
おきながら
ツルンッ
あっ！
となったら
どうしよう!?

もちろんそんなことが
ないように中華には
レンゲというものがある
レンゲがあって
本当に良かった！

最近は自分で中華丼とか
作ってウズラの卵水煮を
たくさん入れるという技を
覚えた
ウホホホー
なんて安上がりな
ぜーたく！

①①①

最近目がさめると
顔の周りにネコちゃんズ
が集まっていることが
多い

妖精の森で
目ざめた王子様の
気分である
ホントか？

ケダマの顔を
近くでよく見ると
目の上に長い毛が
はえているが
これはマユ毛？

人間でいうと
こんな感じ？

クーちゃんの目の上に
長い毛ははえてない
が
クーちゃんは
マツ毛が長い

ヤンキーマユ毛も
あるので人間でい
うとこんな感じか

テツオはマユ毛も
マツ毛も長い！

という訳で総合的に
最近の朝は
こんな感じか
テツ→

①①②

テツはまだ
子猫なので
遊びたい
バシッ
お姉ちゃんたちに
ちょっかいを出す

そして追い回される
シャーー

テツはまだ
子猫なので
私がじっと
仕事をしていると

よじ登って
くる
ガリガリガリ
いて
いてて…

テツはまだ
子猫で鼻炎が
治らないので
ズズ…
いつも鼻を
たらしているし

人の顔の前で
クシャミをする
クシャン
うっ

子猫なので
ペンをカジカジするの
が大好きだ
カジカジ
カジカジ

子猫はかわいい
今日の仕事は
終わりにする
ヘクション

①①③

私の右足はネコちゃんズの通り道になっている
トン
いて！

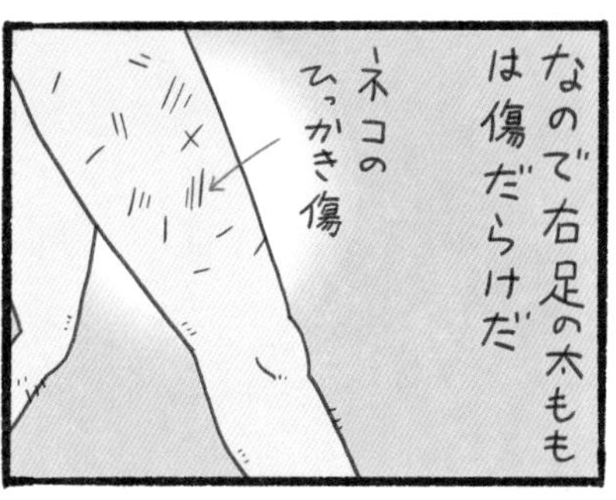
なので右足の太ももは傷だらけだ
ネコのひっかき傷

これは銭湯とか行ったら恥ずかしいのではないか？
このおじさんの足傷だらけ！

銭湯で「猫飼ってる人無料」の日があったらいろいろわかってしまうかも
松の湯
ネコの日

おや、あの人背中がひっかき傷だらけ！

多分机の上に猫のスペースが！
トン
イデッ
ウフフ

このおやじ
はぁ〜

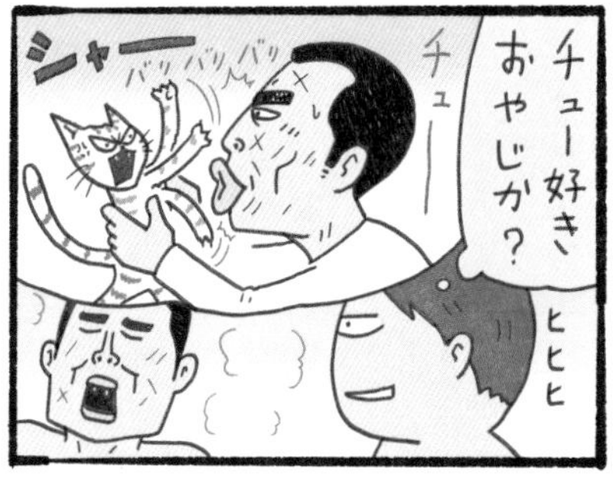
チュー好きおやじか？
シャー
バリバリバリ
チュー
ヒヒヒ

①①④

クーちゃんは
触られるのが
大嫌いなのだが
Don't touch me!

なぜかいつも
私の顔の前に
すわっている

一体何をして
もらいたいのか？
あ〜そーゆーのは
けっこーです…
ほれ
ほれ

クーちゃんは
何でものぞきたがる
コーヒー
のもう
ん〜
どれどれ？
水
ドボボ
ポット

トイレのシート
交換
シートを…
え〜
どれどれ〜!?

近所で何かあると
一番前で見物する
おばさんのようだ
え〜
なになに〜!?
こわいわ〜!
立入禁止

だから多分
何かされたいのでは
なくて
え〜
テレビ〜!?
やめて
やめて〜!
ホホホホ

何かあると
のぞかずには
おれない性質
なのだ
あら〜
なにそれ？
おいしい
の!?
いっこ
ちょーだい
ポリ
ポリ

子供の頃、よく
「あなたエッチ触らないでアカがつくから〜」
と唄っていた。

Don't touch me!

①①⑤

久しぶりに
ちょっと高い本を
買った
ちょっと
高い本

ネットばかり見ていると、時々こーいった
活字のつまった本が
読みたくなる

好奇心旺盛の
クーちゃんが
見に来た
何買ったの〜？
ん〜ん？
シュタッ

ん〜
どれ
どれ？

まずい！
クーちゃん
口の周りが
ビチョビチョ…

…と思ったが
一瞬遅かった
ブルブルブル

しみだらけ

まあ別に本なんて
シミだらけでも
読めればいいのだ
けれど…
ボリボリ
ボリ
ピチャピチャピチャ

①①⑥

ケダマ姉さんはプライドが高い
キラリ

何か失敗すると
これはダメ!

なめてごまかす
別に欲しくないわよ
ペロ
ペロ
ペロ

う〜ん…

重いよ!
ボーン

何もなかったかのように歩き去る
思い出したわ
あっちに用があるのよ

チビたちの騒ぎには参加せず
キャー
キャー
ふん

あとで確認に行く
輪ゴムじゃない!
チッ

117

見ていて「あー」と言うしかない瞬間がある
ガサガサ

あ〜〜!!

バサバサ
バサー
あ〜あ〜……

机の下に何かいると思ったら

テツオが机の下からひざに乗ろうとしていた

そこから跳び上がると頭ぶつけるぞ!
と思っていると…

やはりぶつける
ガン
いでっ!!

自分が痛くもないのについ「いでっ!!」と叫んでしまう
もーちょっと考えろ!

私の部屋は本棚がないので
本は基本平積みである。

①①⑧

久しぶりに上野動物園に行く
上野動物園Zoo

シャンシャンは見る前に中国に帰ってしまった
シャン
シャン…

しかしまだ上野にはパンダが4頭もいるらしい
リーリー
シンシン
シャオシャオ
レイレイ

見ようと思ったがやはりパンダは行列がすごいのであきらめる

ハダカデバネズミとか見る
ハダカデバネズミの巣
重なって寝る
子供
いちばん下の子が心配…

レッサーパンダの小屋の後ろに人だかりが…
ん？
あそこに何が？

あっ！
なんとそこからちょっとだけパンダが見えた！

久しぶりに見た本物パンダ
ちっさ！
ぬいぐるみとかわらん…

119

クーちゃんが
机の上のコップに
手をつっ込むので
♪
ガシャガシャ

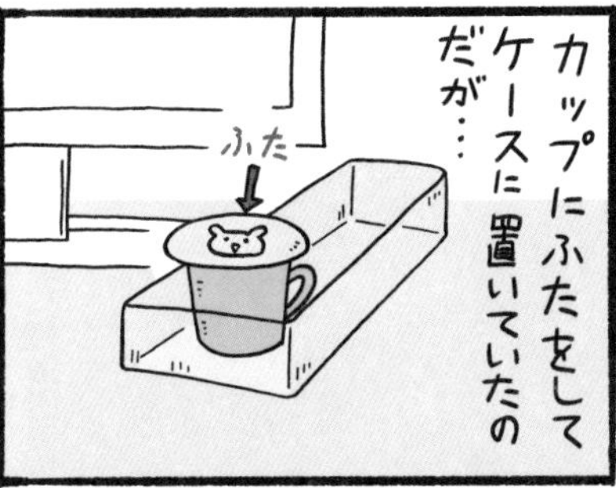
カップにふたをして
ケースに置いていたの
だが…
ふた

やはり油断すると
ふたを取って
手をつっ込む
♪
ガシャ
ガシャ

なのでコーヒーなど
飲む時は…
じ〜

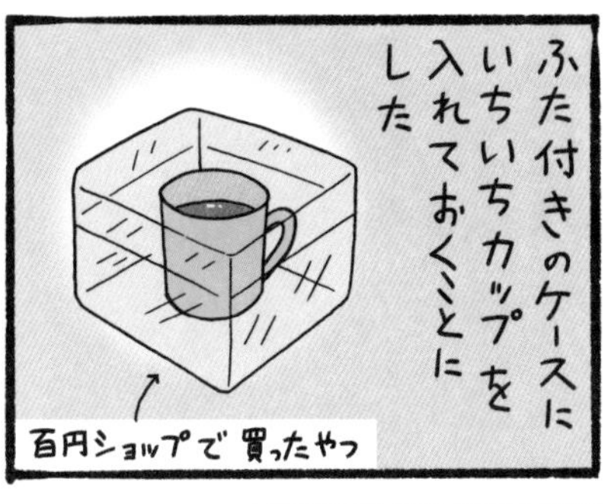
ふた付きのケースに
いちいちカップを
入れておくことに
した
百円ショップで買ったやつ

これでもう
仕事中席を離れて
…
トイレ…

あ〜!!
やられた!
テヘ!
となることは
なくなった

ただもうこれは
現代アートのようでも
ある
……

①②⓪

2023年3月
コロナもだいぶ
収まってきたが・・・
マスク
してない人
増えたな
・・・

私はラーメン屋とかの
囲われた空間が好き
だった

なんか自分のスペース
で安心して食べられる
し

なんとか亭
ラーメン
コロナ後もなんとか
残していけないだろう
か

子供の頃はマットレス
を立ててよく遊んで
いた
マットレス
いらっしゃい
ませ〜
←姉

宝くじ売り場も
座ってみたい
宝くじ
10億円!

あそこで漫画を
描いて暮らせない
だろうか?
マンガ家

時々ラーメンも
出すし
ラーメン

①②①

私には疲れた時のいやし方がある
は〜……
コトッ

ケダマをアゴに押しつけて
ギュ〜

グリグリするのだ
グリ
グリ
グリ
グリ

疲れが取れるいやされる

しかし近年のケダマ重量化に伴い、状況が変わってきた
ズーーーン

よっ
ミシッ

う〜〜ん…
グッ
グッ

いやしの作業が筋トレに変わってしまった
は〜〜

特別付録

ケダマ日記①

私はケダマ

この新聞や雑誌で散らかった狭い部屋が私の部屋

これは妹のクーと弟のテツ
テツ♂
クー♀

父ちゃんはだいたい一日中イスに座ってネットを見たり

てきとーならくがきみたいなものを描いたりしている

ひまそーなので時々遊んでやる
カジ
カジ
カジ

時々ぶん投げられたりもするが

おおむね平和な毎日である

ケダマ日記②

私が一番好きな場所は
このキャットタワーの
てっぺん

下で妹たちが
何か食べている
カリ
カリ
カリ
カリ

どれどれ
私も・・・

もう
無くなっている

しょうがない
帰るか・・・
と思ったら

てっぺんに
妹が

2番目に好きな
空気清浄機の上は
弟が寝ている
ガ〜

しかたないので
ここで爪を
とぐ
ガリ
ガリ
ガリ
そこで
ガリガリ
すんな!!
漫画の原稿

ケダマの  絵描き歌 

作詞●中川いさみ

❶ お山が2つありまして

❷ まーるいお池があったとさ

❸ お舟が2つやってきて

❹ だれかがぷかぷか泳いでる

❺ お池がもひとつあらわれて

❻ ふわふわシッポがはえてきた

❼ ねこパンチ！ ねこパンチ！

❽ おめめとヒゲでケダマ姉さん

松任谷正隆さんが
作曲・アレンジしてくれた
絵描き歌は、こちらからご覧になれます！

ケダマだけでなく、テツオ、クーちゃんの絵描き歌もあります。

本書は、朝日新聞土曜別刷りbeに連載された
「コロコロ毛玉日記」(2020年10月3日~2023年4月15日)に
描き下ろしカットを加えて再構成したものです。
特別付録の「ケダマ日記①②」は描き下ろしです。

ブックデザイン
鈴木成一デザイン室

中川いさみ
1962年7月8日、神奈川県横浜市生まれ。蟹座B型。
芝浦工業大学建築学科卒業。1985年漫画家デビュー。
「クマのプー太郎」がシリーズ累計100万部のヒットとなり、TVアニメ化もされる。
漫画のほか、広告、キャラクター制作、小説の挿絵、エッセイなども手がける。
2003年朝日新聞広告賞を受賞。
2020年より朝日新聞土曜別刷りbeで「コロコロ毛玉日記」の連載を開始。
趣味は70年代の映画を観ること、建築物を巡ること。好物は崎陽軒の弁当。

中川いさみ 公式サイト「グッモーニン!」 http://isaminakagawaoffice.com/
X（旧Twitter） @isaminakagawa

2024年7月30日　第1刷発行
2024年8月20日　第3刷発行

著者
中川いさみ
発行者
宇都宮健太朗
発行所
朝日新聞出版
〒104-8011　東京都中央区築地 5-3-2
電話 03-5541-8832（編集）／03-5540-7793（販売）
印刷製本
中央精版印刷株式会社

©2024 Isami Nakagawa
Published in Japan by Asahi Shimbun Publications Inc.
ISBN 978-4-02-251988-7

定価はカバーに表示してあります。
落丁・乱丁の場合は弊社業務部（03-5540-7800）へご連絡ください。送料弊社負担にてお取り替えいたします。
本書および本書の付属物を無断で複写、複製（コピー）、引用することは、
著作権法上での例外を除き禁じられています。
また代行業者などの第三者に依頼してスキャンやデジタル化することは、
たとえ個人や家庭内の利用であっても一切認められておりません。